神奇生物世界丛书

主　编　杨雄里
执行主编　顾洁燕

水陆英雄

恐龙帝国大揭秘

岑建强　编著

上海科学普及出版社

U0397920

神奇生物世界丛书编辑委员会

主　　编　杨雄里

执行主编　顾洁燕

编辑委员　（以姓名笔画为序）
　　　　　王义炯　岑建强　郝思军　费　嘉　秦祥堃　裘树平

《水陆英雄——恐龙帝国大揭秘》

编　　著　岑建强

序 言

你想知道"蜻蜓"是怎么"点水"的吗?"飞蛾"为什么要"扑火"?"噤若寒蝉"又是怎么一回事?

你想一窥包罗万象的动物世界,用你聪明的大脑猜一猜谁是"智多星"?谁又是"蓝精灵""火龙娃"?

在色彩斑斓的植物世界,谁是"出水芙蓉"?谁又是植物界的"吸血鬼"?树木能长得比摩天大楼还高吗?

你会不会惊讶,为什么恐爪龙的绰号叫"冷面杀手"?为什么镰刀龙的诨名是"魔鬼三指"?为什么三角龙的外号叫"愣头青"?

你会不会好奇,为什么树懒是世界上最懒的动物?为什么家猪爱到处乱拱?小比目鱼的眼睛是如何"搬家"的?

……

如果你想弄明白这些问题的真相,那么就请你翻开这套丛书,踏上神奇的生物之旅,一起去揭开生物世界的种种奥秘。

习近平总书记强调,科技创新、科学普及是实现创新发展的两翼。科普工作是国家基础教育的重要组成部分,是一项意义深远的宏大社会工程。科普读物传播科学知识、科学方法,弘扬渗透于科学内容中的科学思想和科学精神,无疑有助于开发智力,启迪思想。在我看来,以通俗、有趣、生动、幽默的形式,向广大少年儿童普及物种的知识,普及动植物的知识,使他们从小就对千姿百态的生物世界产生浓厚的兴趣,是一件迫切而又重要的事情。

"神奇生物世界丛书"是上海科学普及出版社推出的一套原创科普图书,融科学性、知识性、趣味性于一体。丛书从新的视野和新的角度,辑录了200余种多姿多彩的动植物，在确保科学准确性的前提下，以通俗易懂的语言、妙趣横生的笔触和五彩斑斓的画面，全景式地展现了生物世界的浩渺与奇妙，读来引人入胜。

丛书共由10种图书构成，来自兽类王国、鸟类天地、水族世界、爬行国度、昆虫军团、恐龙帝国和植物天堂的动植物明星逐一闪亮登场。丛书作者巧妙运用了自述的形式，让生物用特写镜头自我描述、自我剖析、自我评说、畅所欲言，充分展现自我。小读者们在阅读过程中不免喜形于色，从而会心地感到，这些动植物物种简直太可爱了，它们以各具特色的外貌和行为赢得了所有人的爱怜，它们值得我们尊重和欣赏。我想，能与五光十色的生物生活在同一片蓝天下、同一块土地上，是人类的荣幸和运气。我们要热爱地球，热爱我们赖以生存的家园，热爱这颗蓝色星球上的青山绿水，以及林林总总的动植物。

丛书关于动植物自述板块、物种档案板块的构思，与科学内容珠联璧合，是独具慧眼、别出心裁的，也是其出彩之处。这套丛书将使小读者们激发起探索自然和保护自然的热情，使他们从小建立起爱科学、学科学和用科学的意识。同时，他们会逐渐懂得，尊重与这些动植物乃至整个生物界的相互关系是人类的职责。

我热情地向全国的小学生、老师和家长们推荐这套丛书。

杨雄里

2017年7月

目　录

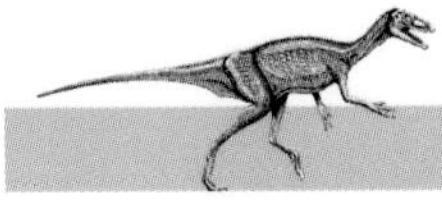

始盗龙（黎明掠夺者）　　　　　/ 2

剑龙（刺客）　　　　　/ 4

腕龙（小头笨瓜）　　　　　/ 6

梁龙（无影鞭）　　　　　/ 8

异特龙（侏罗纪杀手）　　　　　/ 10

恐爪龙（冷面杀手）　　　　　/ 12

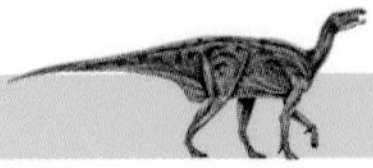

禽龙（开路先锋）　　　　　/ 14

南方巨兽龙（大头怪兽）　　　　　/ 16

棘龙（水陆英雄）　　　　　/ 18

霸王龙（暴君）　　　　　/ 20

三角龙（愣头青）　　　　　　　/ 22

阿根廷龙（陆上巡洋舰）　　　　/ 24

镰刀龙（魔鬼三指）　　　　　　/ 26

慈母龙（管事大妈）　　　　　　/ 28

窃蛋龙（窦娥冤）　　　　　　　/ 30

甲龙（坦克手）　　　　　　　　/ 32

大眼鱼龙（海贼王）　　　　　　/ 34

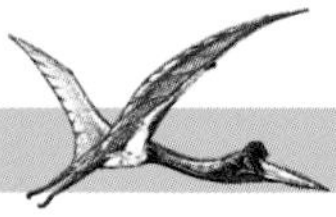

风神翼龙（飞天将军）　　　　　/ 36

猛犸象（长毛怪兽）　　　　　　/ 38

斯剑虎（带刀上将）　　　　　　/ 40

始盗龙

绰号：黎明掠夺者

如果一头狼闯入了羊群，会发生什么？屠杀？四散逃命？你只能想象，而我，就是那头闯入羊群的狼。

我虽然只有1.2米的身长，10千克的体重，与之前你听说过的那些"大恐龙"的一个零头都算不上。可我真的就是那头狼，因为我出现的时候，是2.25亿年前，那时候大恐龙还不知道在哪里呢！

没有天敌，我自然大杀四方。不管是刚出现在地球上的小小的哺乳动物，还是称王称霸数千万年的爬行动物同类，我一概毫不留情。

我有强壮的后肢，跑起来快；我有带爪的前肢，扑起来凶；我有锯齿状的牙齿，咬起来狠，我就是闯进地球的那个强盗。

物种档案

　　始盗龙生存于距今2.25亿年前的三叠纪晚期。虽然它的个子不起眼，但目前来看，它是人类找到的最古老的恐龙了。所以，发现它的科学家给它起了一个很有地位的名字——始盗龙。

　　古老的始盗龙应该是个掠食者，它的后方牙齿是锯齿状的，像带槽的牛排刀，这是典型的肉食恐龙特征。奇怪的是，它的前面牙齿却是树叶状的，这却是素食恐龙的特点。科学家据此认为，恐龙原本应该是杂食性动物，食草食肉均可，以后才逐渐产生分化，始盗龙就是一种向肉食性恐龙演化发展的恐龙祖先。

　　当然，始盗龙并不会是真正的最古老的恐龙，它的祖先，恐怕还得向上追溯几百万年甚至几千万年。发现始盗龙的地方，是在南美洲的安底斯山脉的东侧，那是一片不毛之地。但就是这么一个鸟不拉屎的地方，却吸引着大批科学家前赴后继赶来，与2亿年前的泥、沙、地层和恐龙对话。这个地方还有一个美丽而神秘的名字：月谷。

剑 龙

绰号：刺客

你以为我是一个仗剑走江湖的剑侠，其实我是一个偶尔露峥嵘的刺客。是的，我的背上挂着两排像剑一样的骨板，乍一看确实挺吓人的。当我在草地上悠闲吃草的时候，异特龙总是不怀好意地尾随着我。这时候，我得感谢那两排剑板，是它们让垂涎欲滴的异特龙不敢造次。

不过，就像狗急要跳墙一样，饿坏了的异特龙也会聚集起来，伺机向我发起进攻。

剑龙生活于侏罗纪晚期，成体全长9米左右，体重2吨以上。这个顶着小脑袋的恐龙看似全副武装，实则是个温和的草食性动物。剑龙以背上的两排高大的剑板闻名，与之相比，它尾巴上的4个尖刺不太引人注目，其实，那才是剑龙与真正的对手贴身作战时的锐利武器。

剑龙身上的剑板，是一个非常奇妙的结构。最初，大家都认为这是一个防御用的工具，因为身体两边插上两排剑，无论如何是可以吓退一些肉食者的。可是后来，人们发现剑板上有血管的痕迹，于是自然而然猜测它还有调节体温的功能。当体温低的时候，剑板可以面向太阳晒一晒；而体温太高的时候，则可以迎着风吹一吹。现代非洲象的大耳朵，其实也具备着和剑龙身上的剑板一样的散热功能。

更早一些生活在侏罗纪中期的华阳龙，类似于小一号的剑龙，身长4米，体重仅1吨左右。由于身体较小，华阳龙时常成为肉食恐龙的攻击目标。

当它们与我展开近身肉搏的时候，我会毫不犹豫地甩开尾巴，用上面的尖刺击打对手，刺穿它们的胸膛。不给这些狂妄的家伙一点厉害瞧瞧，还真以为这个江湖是它们说了算呢。

腕 龙

绰号：小头笨瓜

一个巨型的身体，四条粗壮的大腿，一条粗短的尾巴，乍一看你绝不敢小瞧我。但是，一个长达近10米的细脖子上，却顶着一个小得不像样的脑袋，让你一眼就认定我是个笨瓜。是啊，谁都知道这个小脑袋意味着我不是个聪明的家伙。唉！当初一味追求高大上，就是为了能吃到高处的树叶，没想到这么一折腾，反倒让自己越来越笨。没办法，只好拼命长身体，先混个形象出众。

我可以笨到繁殖期也不愿停下脚步，一边走路一边生蛋；我也可以贪吃到一天吞下上千千克草料，一路消灭脚下的草原和树上的嫩叶。跟我相比，后代的蝗虫只能以群体数量取胜，而我，却能以一敌万，孤身扫荡大片草原。

马门溪龙

物种档案

　　腕龙生活在侏罗纪晚期，成体全长25米，高15米，前腿比后腿长，体重达20～30吨。这个大家伙是个植食性恐龙，喜欢成群结队地旅行。不过，这也是没办法的事情。你想，一大帮每天要吃几百千克甚至上千千克草料的大家伙，哪片草原能收留它们哪！

　　和腕龙同时代的植食性恐龙有剑龙、梁龙等；肉食性恐龙有异特龙、蛮龙等。作为侏罗纪晚期最大的肉食性恐龙，按理说异特龙应该是所向披靡的，然而，面对腕龙这个公认的大笨瓜，异特龙常常只能干着急，因为这些家伙实在太大了，更要命的是它们的一双前腿极为有力，一出脚就可能要了命。好比现代非洲草原上的狮子，面对高佬长颈鹿时，虽然非常想撂倒对方，但它们也知道，一旦被长颈鹿的大长腿踢到一脚，轻则受伤，重则毙命。所以，不到万不得已，狮子们是绝不会惹祸上身的。

　　中国也有一个大名鼎鼎的长脖子大恐龙，叫做马门溪龙，也是一个顶着小脑袋的笨瓜。和腕龙的情况类似，当时的大型食肉动物永川龙，虽然对它垂涎三尺，却也不敢轻举妄动。

梁龙

绰号：**无影鞭**

　　我是自带"凶器"的梁龙。打眼一瞧，你会觉得腕龙跟我差不多，都是长脖子的大个子。其实，我俩在外观上有两大区别，其一是我的后腿比前腿高，所以我能够用两条后腿直立，让两个前爪去拉扯树叶吃。而腕龙的前腿比后腿高，它必须四肢着地，所以只能尽力抬高脖子去吃树叶。其二是我有一条10多米长的尾巴，甩起来噼里啪啦地响，不但比腕龙的粗短尾巴灵活，而且是击打敌人的武器。

梁龙也生活在侏罗纪晚期，与剑龙、腕龙等都是同时代的动物。它的身长有20~30米，体重10~20吨。两条身长差不多的梁龙与腕龙在体重上有明显差异，相比之下梁龙要轻不少，可以想见它是一个身体不那么强壮的大型植食性恐龙。不过，梁龙有一条很长的尾巴，非常灵活管用，是对抗肉食性恐龙的秘密武器。对手如果被梁龙的尾巴击中，有时候甚至是致命的。

很多动物都有尾巴，有的粗，有的细，有的长，有的短。无论尾巴怎样变化，它最主要的功能还是为了保持高速运动或者激烈打斗中的身体平衡。猎手在高速追击中不能跌跌撞撞的，否则非饿死不可；猎物在急速逃跑中也不能摔倒，否则会小命不保。除此之外，不少动物还对尾巴开发出了次级功能，比如猴子的尾巴能让它轻松悬挂在树枝上，袋鼠的尾巴可以当小凳子坐，松鼠的尾巴可以当被子盖，而鳄鱼的尾巴像一把铁扫帚，可以击倒来喝水的动物。

梁龙因为体形不够强壮，不得已把尾巴练成了一条铁鞭。不然的话，异特龙会没事就吃它一顿呢！

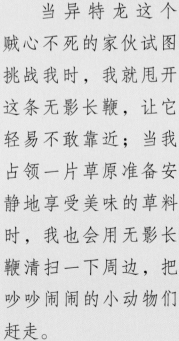

当异特龙这个贼心不死的家伙试图挑战我时，我就甩开这条无影长鞭，让它轻易不敢靠近；当我占领一片草原准备安静地享受美味的草料时，我也会用无影长鞭清扫一下周边，把吵吵闹闹的小动物们赶走。

异特龙

绰号：侏罗纪杀手

你是听哪个大言不惭的家伙说的，我异特龙谁都打不过？不错，剑龙有两排剑板，有带刺的尾巴；腕龙有大得吓人的身躯，有厉害的踢腿功；梁龙有铁扫帚般的长尾巴，有尖利的前爪，甚至雷龙、圆顶龙都有高招。但是，但是，我是谁啊？我是食物链顶层的异特龙啊！我还能怕它们？

异特龙生活在侏罗纪晚期，全长在10米左右，体重达1~2吨。这是一个牙齿锋利、尾巴粗壮、奔跑迅捷的掠食者。它前肢退化、后肢强大，显然是个会撒开两条后腿疯狂追击的猛将。事实上，异特龙是侏罗纪时期最强大的肉食性恐龙，可以攻击任何植食性恐龙，有时候甚至连小型的肉食性恐龙也是它的菜。

异特龙在大多数情况下也需要采取群体合作的方式来狩猎。好在一条大型食草恐龙有10多吨甚至20多吨，完全够这些家伙饱餐一顿了。

其实，异特龙还是非常聪明的狩猎者，你看它的脑袋，比梁龙、腕龙、剑龙等食草动物大多了。这么一批聪明的家伙，配上能撕开对手的锯齿状牙齿，能追上对手的强健的双腿，能协同作战的敏捷的身手，攻击个把大家伙还不是小菜一碟。

当然了，异特龙还是个能屈能伸的大英雄。如果实在没什么好机会下手，或者能聚集的伙伴不多，它也可以吃点腐肉啥的暂且过一段苦日子。

当然，我完全没必要和这些又大又笨的蠢蛋正面斗气，吃个饭也不用拼老命。它们总有懈怠的时候吧，总有个别自不量力的家伙脱离队伍吧，总有一些幼体管不住自己乱跑吧。嘿嘿，这就是我们下手的机会了。

几条异特龙猛将，对付一条脱离大部队的大龙，我们还是有把握的。

恐爪龙

前面是一群大个子逃跑者，后面是一群小个子追击者，这是在白垩纪经常可以见到的场景。大个子是那些植食性的大恐龙如波塞冬龙，小个子就是我——健壮精干的恐爪龙。

别看那些家伙个子大，完全不是我们的对手。不仅是因为我们有速度，有力量，而且也因为我们有利齿，有尖刀。

你仔细看一下我的后足，有没有发现上面有一对弯曲锋利的爪子？对了，这就是我们的随身尖刀。我们扑倒对手，先来个双刀出鞘，再配以利齿撕肉，三下五除二的工夫，就可以享受到一顿美味的鲜肉晚餐。

我的这两只尖刀一般的利爪，让不少人望而生畏，于是，我就有了"恐爪龙"的大名。

飞驰龙

物种档案

恐爪龙生活在白垩纪早期，成体全长3~4米，体重70千克以上，是身手灵活、出击凶猛的猎食者。它最明显的特征是两个后足上各有一个巨大的尖爪。行走和奔跑的时候，尖爪并不接触地面，而到了搏杀的当口，它就是一把出鞘的利剑。

和现代的群狼围猎蛮牛一样，恐爪龙虽然形体优美、身手了得，但也知道自己有几斤几两，并不会盲目地和大型猎物正面对抗。它的大脑袋告诉我们，这是一个聪明的恐龙。事实上，恐爪龙确实在用智慧狩猎。首先，它是团队作战，反正猎物也够大家吃；其次，它采用扎一刀就跑的方式，不过度纠缠；再次，它有很好的视力，会利用夜色掩护展开偷袭。这三者结合起来，使得恐爪龙虽然不具备霸王龙一般的身材，却依然是很多大型恐龙的噩梦。

更晚一些的白垩纪晚期，也出现过和恐爪龙类似的一种恐龙，名叫飞驰龙。这个家伙身体比恐爪龙更小，只有1.8米，但更灵巧，也跑得更快一些，所以被称为飞驰的龙。

禽　龙

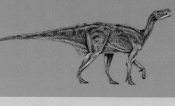

绰号：开路先锋

我是恐龙界的开路先锋。没有我的出现，准确地说，没有我的牙齿的出现，关于恐龙的故事，你们还得等上10年、20年，也许30年。

当然，你们还得感谢英国的曼特尔医生。对，他不是古生物学家，不是地质学家，只是一个喜欢刨根问底的爱好者。1822年，他在乡间小路边捡起了一颗牙齿，因为看不懂牙齿的主人是谁，所以他就到处请教。最终，这颗牙齿被认为像鬣蜥的牙齿，于是，我就被命名为"鬣蜥的牙齿"。最后，我的主人变成了霸气的禽龙。

禽龙主要生活在白垩纪的中期，距今约1.25亿年，属于当时个子比较大的植食性恐龙，成体长在10米以上，体重达到5吨。大部分时间里，禽龙用四条腿走路，要是它想快一点，也能撒开两条后腿奔跑。它的前肢上各配备着一个钉子般的拇指，可以帮助它打斗，也可以帮助它吃东西。

当年曼特尔医生并不知道世界上有恐龙这么大的家伙，即便是很多大科学家，也没法想象地球上还出现过10多吨，甚至几十吨重的大恐龙，因为现在陆地上最大的非洲象也只有6吨而已。因此，曼特尔医生以为这只是一个已经消失的巨型鬣蜥，否则也不会把那颗牙齿称为"鬣蜥的牙齿"。

直到1841年，经过深入的研究，大英博物馆的欧文爵士才正式确定了"恐龙"这样一个新发现的动物群。由于恐龙属于爬行动物，而且身材巨大，因此，在英语名字中，它的意思就是恐怖的蜥蜴。

1878年，在比利时一个叫做贝尼萨尔的煤矿坑里，我们有30多个伙伴出土了，这时，人们才发现，原来我禽龙是个大家伙。

南方巨兽龙

绰号：大头怪兽

别误会，我当然不是兽类啦，我只是一个像巨兽的大怪物。最不可理解的是我的大头，跟身体简直不成比例，上面还装备了一张满口利齿的大嘴。我的两条后腿也不争气，又短又粗，既跑不快，也不好看。总之，我对自己的这个模样无话可说。

我是雄霸一方的食肉大龙，但并不依靠速度大杀四方，因为那些超大型的植食性恐龙也跑不快，我就专门和它们较劲。什么阿根廷龙，什么巨龙，统统都是我的菜。

如果你看到复原图中我的前肢，请一笑而过吧，因为迄今为止没有任何人找到过我的前肢。这是按照霸王龙的两个"鸡爪"再拉长点加粗点吗？我快笑哭了。没事，就让你们去猜吧。

物种档案

南方巨兽龙生活于白垩纪中期，距今1亿年~9000万年。它体长13米以上，体重8吨以上，身上最特别的部位是一个大头和两条短粗的后腿。

南方巨兽龙的前辈是侏罗纪鼎鼎大名的强力杀手异特龙。来到白垩纪后，异特龙进化出了几个分支，其中一个是头颅巨大的鲨齿龙科。看名字就知道，这个大家庭里的恐龙有着如大白鲨一般的牙齿。我们这位主角——南方巨兽龙，就是鲨齿龙科中的一员，所以，它也有着一个大头颅和一嘴鲨鱼般的牙齿。

从体形上来看，南方巨兽龙比霸王龙要大一些，不过，它应该比不上棘龙。无论如何，这些列在食肉恐龙排行榜单前几位的大家伙，都是当时植食性恐龙的噩梦。南方巨兽龙让我们肃然起敬的地方在于，它并不是专挑小型食草恐龙下手，而是敢于挑战那些大家伙。

奇怪的是，在距今9000万年左右的时候，白垩纪时期的植物还在欣欣向荣呢，食草恐龙根本吃不光呢，我们这位厉害的霸王却走向灭亡了。直到今天，谁也不知道是怎么回事。

棘 龙

绰号：水陆英雄

　　我是个白垩纪的吃货。海陆空全方位地吃。不，我不是说我能飞，我一个10多吨的重量级恐龙飞不动了，可是我能游泳啊。我水性好，当然能吃水里的鱼。我还能躲在水里，偷袭翼龙那个飞贼。对了，上了岸我也是一条好汉，吃条幼龙根本不在话下。如果我的地盘上有霸王龙，那它就没有这个名字了，因为我才是真正的霸王。别不信，瞧瞧我的四条腿多强劲有力，你再去看看霸王龙的两条鸡爪一样的前腿，能跟我比吗？

　　为了让我看起来更加威风凛凛，我的背上还武装了一排高耸的棘，就像自带了一张帆。不过，我这倒不是为了在水里扬帆起航，究竟为了什么，你接着往下看。

物种档案

棘龙，白垩纪中晚期的大型肉食恐龙，成体身长在15米以上，体重超过10吨。这个身材和吨位，已经明显超过了我们所熟知的霸王龙。比霸王龙更优秀的是，棘龙是个水陆两栖的猛将，它简直是一个加强版的大鳄鱼。

棘龙有一张像鳄鱼一样的长嘴巴，嘴巴里布满了圆锥形的牙齿，仿佛一把把小刀。小小的鼻孔几乎接近头顶，让它可以像鳄鱼一样潜伏在水中。这张嘴的周边还分布着敏感的感应小孔，让它能随时捕捉猎物的动向。这些强大的装备，使得棘龙狩猎的成功率非常高。

棘龙在陆地上也厉害着呢。它的四肢相当强壮，前肢上还有锋利如尖刀的爪子。对付那些植食性的大恐龙或许还有麻烦，但猎杀它们的幼体却不是什么难事。

棘龙的名字来自它背上那一排高耸的棘，最高的地方甚至超过了1米。这排棘到底有什么用呢？原来，它就像剑龙背上的剑板一样，可以通过晒太阳和吹风，起到调节温度的作用。

也有科学家认为，这一排棘也许还像骆驼背上的驼峰，能储存能量呢。

霸王龙

绰号：暴君

我是恐龙界的超级明星，你第一次认识的恐龙大概就是我，而我更是电影、电视上的红星，是一个彻彻底底的网红。

我还有一个名字叫暴龙，听着就觉得残暴吧？确实如此，我一个1.4米长的大头，配着布满肌肉群的大颚，以及一张满是尖牙的大嘴，你觉得还有我不敢惹的主吗？

很多人嘲笑我的两条前腿，说我是残疾龙。我不跟你们一般见识，你们懂什么呀？

霸王龙生活在白垩纪晚期，全长12米，体重6吨。它前肢短小，后肢强劲，牙齿尖利，肌肉发达，而且善于奔跑，是当时美洲大陆最强大的肉食恐龙。

霸王龙最突出的就是那张巨大的头颅，有1.4米长，相当于一个小孩的身高。这么大的头肯定非常重，所以得配一个短粗的脖子，让它看上去不但有力，而且精干。

不过，你可别被这个超级网红吓到了。霸王龙虽然名声大，但绝对不是肉食恐龙界的大佬，南方巨兽龙就比它大，棘龙的身材更是两倍于它。如果让这两位来到北美大地，和霸王龙做邻居，它怕是没霸王龙这个头衔了。

在白垩纪晚期还有一个体形和霸王龙非常相似，但却小了一号的主，叫做小霸王龙。它和霸王龙属于同一个大家庭，只不过个子要小很多，全长只有5米。不过，因为其个子小，大脑、视觉、嗅觉和运动能力就更加发达，集体狩猎的场面也更加壮观。

除了打打杀杀，我不是还得谈情说爱吗？那种时候就不能显得自己非常大老粗，我的两条小细腿就可以大显身手了。搭讪、拥抱……你们就自己想象吧。

当然，一旦开动速度追杀，就是我两条强劲有力的后腿显摆的时候了。

三角龙

绰号：愣头青

    我是三角龙。在我的生活环境里，有着那个恶名远扬的霸王龙。我当然不怕它，本来霸王龙的吨位就比不上我。它有尖牙利爪，我也有生存绝招。我头上有三个尖利的角，这就相当于矛；我脖子上还有一圈厚实的盾甲，这就相当于盾。我一手拿矛，一手拿盾，还能怵它？对付这个龙见龙怕的家伙，我就一个办法：打！打到它服！所以大家都叫我"愣头青"啊。

三角龙是角龙的代表，也是体形最大的角龙，生活在白垩纪晚期，全长9米，高3米，体重可达10吨以上，是一个不挑食的植食性恐龙。

三角龙的头骨是所有恐龙中最大的，全长达2.5米。它鼻子上有一只短角，眼睛上方有两只额角，额角可以长达1米，看起来就像是额头上顶着一把短刀和两把长刀。

三角龙有这么夸张的配置也是迫不得已，因为那个传说中的霸王龙始终在它身边转悠，双方一言不合就可能大动干戈。有战斗就会有损伤，它的长剑短刀也有可能在拼杀中折断，但这些角是可以再生的。因此，当三角龙因为打斗损伤了角之后，会像牛角、羊角一样慢慢长出来。

三角龙的脖子上还有一圈厚实的盾甲，这是头骨向后延伸出来的。这圈头盾固然有防御的作用，但是，它最大的作用可能是表现恐龙在群体中的地位。因为盾甲是五彩缤纷、形状变化的，而且有些三角龙的盾甲只有几厘米厚，难以抵抗霸王龙的尖牙利齿。

我最怕的是这家伙偷袭我的孩子，尤其是它自己要养育孩子时，就变得肆无忌惮，瞅准了机会就下手。有时候，还会头脑发热地和我们的成年三角龙大打出手。虽然我不怕它，但我也不想两败俱伤啊。遇到这种比我还愣头青的家伙，我除了打也没有什么更好的办法。唉！

阿根廷龙

绰号：陆上巡洋舰

30多米长，70多吨重，我是一个有着蓝鲸一样个子的在陆地上游荡的巨无霸。以前，也有人说我超过了100吨。无所谓啦，随你们怎么说吧，反正"陆上巡洋舰"这种称号，不是谁都可以封的。

我的一块脊椎骨就有1.6米长，1.3米宽，仅凭这一点，你就该对我的超级大身体肃然起敬。长脖子、长尾巴、长脚……反正一切都是大一号，更重要的是，我的这些大号器官不像梁龙它们细细长长，而是又粗又长，所以，我有那么重也就不奇怪了。

在侏罗纪闹腾的梁龙根本活不到白垩纪。但我不一样，我不但适应了，而且活得更好。我的身体比它们更重就是最好的证明。体重大嘛，自然是吃得好，吃得好不就活得更好吗？

物种档案

阿根廷龙生活在白垩纪中晚期约1亿年前到9300万年前，是地球上曾经生活过的体形最大的陆地动物之一。很多人认为，阿根廷龙就是已知的最大恐龙。

有一个事实你应该清楚，那就是几乎所有的恐龙都没有百分之百出土的骨骼，让人可以完整地把它们拼接起来进行比较，更多的是只有几块零星的骨头。科学家一般是在零星骨骼基础上，根据它的特点，比如食性，展开想象，才能描绘出一幅可能的复原图。也就是因为这个原因，有人得出阿根廷龙超过100吨，有人却计算出只有70多吨，这还是在这条阿根廷龙出土了脊椎骨、臀骨、大腿骨、肋骨等好几处骨头的情况下呢。如果你看到有些恐龙的体长，特别是体重一直变来变去，请不要觉得奇怪，这是不同的人，根据不同的计算方式得出的结论。

仔细观察你可以发现，植食性的超级大恐龙大多生活在温暖的侏罗纪，而坚持不到较冷的白垩纪。但南美洲特别的暖湿环境不但让阿根廷龙活了下来，而且还活得很自在。

镰刀龙

如果你只看我的模样，会以为我是一只可爱的大鸟。可是，当你注意到我的前肢时，大概会被吓一跳，以为我凶相毕露，要对你下毒手了。其实，我可能什么都干不了，因为，我的本性就是一只植食性的恐龙。

当然，前肢上的装扮确实太吓人了，因为上面居然有长达70厘米的指爪，而且左右三指均有，弯起来就像手指上左右各带了三把镰刀，吓唬对手还是可以的。

你猜，我的前肢加上镰刀般的指爪有多长？2米半啊！显然，这么长的镰刀挥洒起来很不方便。所以，我这不是打架用的，而是帮助我更好地找食物吃，比如砍断树枝。也许，我高兴起来还能开个小荤，用它们抓条鱼吃，或者，干脆挖个蚂蚁窝随便吃。

物种档案

　　镰刀龙生活在白垩纪晚期，距今约8000万年~7500万年，体长10米，体重5吨。人们第一次挖到它的前肢的时候，怎么也想不到它的主人居然是一条恐龙。当然，这么奇怪的特征总是能引起科学家的好奇，于是对着零碎的一点骨头开始研究。

　　最初，科学家推测主人应该是一种爬行动物，蜥蜴的可能性最大，于是它被命名为镰刀蜥蜴，但滑稽的是，描述的时候它却像一种大型的乌龟。随着出土的化石越来越多，终于，大家认定它是一种恐龙。

　　不过这种恐龙也实在是难以捉摸，如果单看它的前肢，很多人会以为，它是一个肉食恐龙，否则它配备这魔鬼三指干吗？但结合看它的嘴巴类型和牙齿构造，以及巨大的体形，它应该还是吃植物的。现在，镰刀龙是植食性恐龙的结论已经被大家普遍接受了。

　　那么，它要那么长的指爪干什么？防卫吗？好像也有道理，因为霸王龙这些凶神整天虎视眈眈地想着吃它们。不过，镰刀龙有了这样的指爪，显然对它吃树上的嫩叶细枝带来了不少的方便。

慈母龙

绰号：管事大妈

"慈母手中线，游子身上衣"，这么温馨的场面，对于我来说，完全就是日常生活。我几乎什么都管，要不然怎么会有一个充满爱心的大名呢。

繁殖季节到来时，我会先在地上挖出一个又大又圆的窝，然后把20多枚蛋产在窝里，上面用树叶和泥土盖住。我可不会像很多爬行动物那样一走了之，而是默默地守护在窝边。如果我要外出，孩子爸爸也会暂时来照看一下。

　　宝宝从蛋壳里孵化出来后，我就喂它们吃饭。我的嘴又大又宽，孩子们从中捞点吃的还是挺方便的。当宝宝们终于可以走路时，我们——爸爸妈妈和叔叔阿姨，会把它们夹在中间行动。

　　没法子，环境实在太恶劣啊，你们津津乐道的霸王龙，就在我们身边晃着呢。

物种档案

　　慈母龙生活于白垩纪晚期，全长9米，体重4吨。它是鸭嘴龙大家庭中的一员，这类恐龙的吻部长得像鸭子的嘴巴似的。除此之外，大部分鸭嘴龙的头顶上都有明显的冠饰，比如慈母龙的眼睛前方就有尖状冠饰。这种冠饰就像牛角一样，既是不同个体的特征反映，也是雄性们在求偶季节打斗的帮手。

　　在白垩纪晚期，被子植物逐渐取代裸子植物，得到了飞速的发展，偏偏鸭嘴龙非常喜欢吃这些新鲜出笼的开花植物。于是，在食物充足的背景下，鸭嘴龙得到了极好的壮大家族的机遇。作为鸭嘴龙中的一位明星，慈母龙也当仁不让地承担起了抚育幼龙的责任，为家族的兴旺提供了实际保障。

　　令人不解的是，鸭嘴龙繁盛的时代，也是霸王龙扬威的时代。对于没什么防身武器的鸭嘴龙来说，如何才能躲避霸王龙的攻击呢？原来，鸭嘴龙的奔跑耐力特别强，而且总是集体活动。只要有哨兵提前发现准备偷袭的霸王龙，鸭嘴龙大军就会撒开两条后腿，浩浩荡荡地扬长而去。

窃蛋龙

绰号：窦娥冤

那个为我取名窃蛋龙的家伙，你凭什么一眼就认定我是个贼呢？现在好了，就算你对全世界说一万遍我没有偷蛋，我还是叫窃蛋龙。身份证上的名字，怕是改不了了。

事实上，我才是慈母龙。我这个小得像一只鸵鸟的妈妈，为了不让其他恐龙偷我的孩子，只能蹲守在一窝蛋上，万不得已的时候还得拼命。就算孩子顺利孵出来，我也得接着管，喂它们吃饭，帮它们藏身。我们这么小的个子，混在恐龙大家庭里，过日子不容易啊。

在古今中外所有的爬行动物中，我绝对是模范妈妈，因为只有我，才像亲鸟喂雏鸟一样地喂孩子。你说，我是不是比窦娥还冤。

物种档案

窃蛋龙生活在白垩纪晚期，杂食，全长2米左右，体重只有3千克上下，看着就像一只鸵鸟。它的嘴像鸟喙，尖爪像鹦鹉的爪子，尾巴像袋鼠的尾巴，这样的一个小精灵一旦跑起来，速度当然很快，而且有了那条长尾巴，在运动中保持身体平衡也不是问题。

关于窃蛋龙这个名字的来历，说起来真是好笑。1923年，一群科学家来到蒙古考察，找到了一大批原角龙的化石，还有一窝恐龙蛋。在清理现场的时候，人们发现在恐龙蛋上躺着的那位陌生客不是原角龙。哼！一定是这个家伙在偷蛋的时候不慎暴露，随后被原角龙就地正法了。还有啥好说的，这个贼就是个偷蛋的，给它取名窃蛋龙吧。

1993年，又一批古生物学家来到蒙古考察，他们发现了完整的窃蛋龙的胚胎化石。经过研究，证明它与1923年窃蛋龙身下的恐龙蛋是一致的。也就是说，当年躺在窃蛋龙身下的，正是它自己下的蛋。也许它正在孵蛋呢！

冤案虽然是平反了，但窃蛋龙这个恶名它还得永远背着。

甲 龙

绰号：坦克手

　　我是一辆坦克车，我有一把流星锤。在白垩纪这个群魔乱舞的时代，你要是不具备进可攻退可守的双面功夫，很难好好地活着。所以，我来也！

　　我是替剑龙来接管盔甲界的，当然我明白霸王龙也气势汹汹地登场了。作为一个中等个子的植食性恐龙，我有对付肉食恐龙的两大法宝。

甲龙生活在白垩纪晚期，全长5米以上，体重1~2吨，植食性，是剑龙消失后出现的新一批自带强大气场的盔甲战士。

甲龙有一只宽脑袋、一条短脖子和四条短腿，脑袋上顶着两对尖角，身体上覆盖着厚厚的鳞片，鳞片上还有排列整齐的棘突。此外，尾巴末端有一个膨大的球状疙瘩，甩起来像一把流星锤。这一切的装束，像极了一辆装备先进的坦克车，对于甲龙起到了非比寻常的保护作用。化石研究发现，甲龙是恐龙大家庭中最后灭绝的一个分支，不知道是否有这身装备的贡献。

其实，甲龙的盔甲只能阻挡一般的小型肉食者，对于霸王龙来说并不十分管用，因为霸王龙的实力实在过于强大了。好比豪猪和刺猬把全身蜷缩成一团，竖起一身的刺，只能吓唬一些小动物，遇到老鹰、狐狸等厉害的对手，是毫无抵抗力的。

那么，难道就要束手就擒吗？别担心，打不过可以逃嘛。甲龙选择了远离霸王龙的活动区域，采取"惹不起躲得起"的生存战略，日子过得也挺逍遥。

首先是一身盔甲，上面布满比鸡皮疙瘩还恶心的棘刺，那些肉食者要是自不量力来攻击我，受伤是免不了的。其次是尾巴上的尾锤。这个尾锤是一个骨质的疙瘩，有强劲的肌肉支撑，甩起来虎虎生威。

当猎食者无视我的铁甲外衣，企图对我发起攻击时，我就会亮出我的流星锤绝活。它们要想撂倒我，自己也得脱层皮。

大眼鱼龙

绰号：海贼王

　　动物世界有各种强盗，也有形形色色的贼。中生代的海洋里，有一个家伙很神奇，自称乌贼，喷得一屁股好墨，经常把海水弄得浑浊不堪。我非常看不惯这个削尖脑袋的小贼，决定让它知道我的厉害，我打的旗号就是"海贼王"。

　　乌贼们在海里对鱼虾痛下杀手，我就追在它们屁股后面猛打猛冲。别的动物面对一团团的墨束手无策，一时间两眼一抹黑。我不担心，你瞧我的一双大眼，眼神可好了。而且我速度快，眨眼间就可以冲到乌贼边上，用我那无齿之长嘴一口把它吞进去。你有没有发现，乌贼的体形和我的嘴形挺般配的呢。

　　我声明哦，我可不是恐龙，我就是鱼龙，中生代生活在海里的一类爬行动物。

物种档案

大眼鱼龙生活于侏罗纪中期，是一种海洋爬行动物，全长2～5米，外形既像鱼又像海豚，四肢桨状，最明显的特点是大眼和长嘴，每个眼窝直径大约有10厘米，而长嘴中布满尖牙，显示它是一个肉食性动物。事实上，它的主要食物就是乌贼，当然，鱼和其他海洋动物也在大眼鱼龙的菜单上。

鱼龙在很早以前就出现了，原始的鱼龙叫混鱼龙，生活在三叠纪中期，身长只有1米，灵活得就像现代的海豚一样。混鱼龙的食物就是乌贼和鱼虾，这一食性一直延续了上亿年。

作为一个常年生活在海里的爬行动物，鱼龙选择了卵胎生的繁殖方式。

关于鱼龙还有一个颇为神奇的故事，那就是它怎么被发现的。你可能怎么也想不到，这个中生代的海贼王居然是由一个12岁的小姑娘和她的弟弟发现的。1814年，玛丽·安宁和弟弟约瑟夫在海边的岩石上，找到了一个奇怪的海洋动物的骨架，经过科学家的研究，发现它是一个2亿年前的化石，这就是鱼龙。那个发现鱼龙的小镇也成了一个很特别的地方，叫做"侏罗纪海岸"。

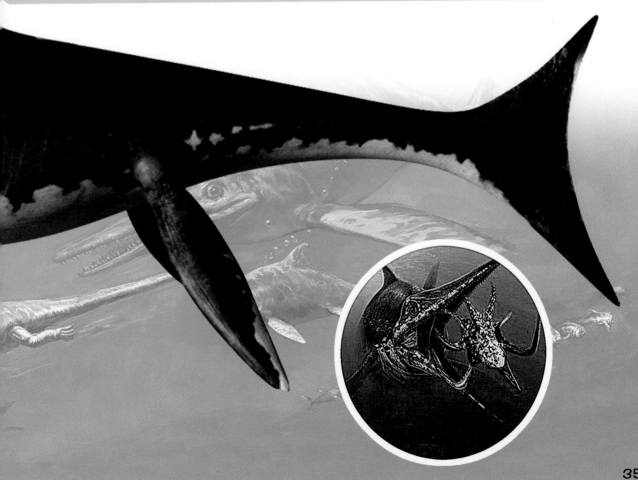

风神翼龙

绰号：飞天将军

和鱼龙一样，我也不是恐龙。恐龙倒是想飞，有的还长出了羽毛，但它们就是飞不上天。而我，是中生代唯一翱翔天空的大佬。你说什么？昆虫？它们算啥飞天将军，它们只是我厨房里的一道菜而已。

我是一个翅膀展开超过10米，体重超过100千克的空中大汉。注意我的大眼睛，那可是当时的"鹰眼"，让我能从空中发现地上的猎物。在我的菜单上，有低空飞行的昆虫当开胃菜，有水中游泳的鱼儿当主菜，还有地上跑的小动物当大菜，选择的余地实在不少。

我还能把霸王龙整得哭爹喊娘。我当然不会和它正面交手，那显得我智商太低。我可以趁它外出猎食的时候，抓它的孩子来吃。即使被它发现了，我也能一飞冲天，它能奈我何？

　　风神翼龙是翼龙中最大的那位，除了翼展10多米，体重100多千克之外，它还有2米的大长腿和一个细长脖子，脖子上还顶着个大脑袋，一眼望去，感觉就是个怪物。不过，它飞翔的时候应该有如今仙鹤的神态吧。

　　翼龙的祖先从三叠纪晚期就来到了地球，直到白垩纪末期才与众多恐龙一同消失。在这1.6亿年的时间内，它们从外形和生存方式上都进行了适应性的演化，才呈现了多元化的发展。就拿食物来说吧，有的翼龙甚至能忍受腐食，就是那些腐败的动物尸体，也算是能屈能伸了。

　　翼龙的翅膀是由皮肤、肌肉和一些软组织组成的膜，和鸟类那带羽毛的翅膀是明显不同的，所以翼龙既不是鸟，也不是鸟的祖先。研究表明，地上的恐龙才是鸟类的祖先。

　　如果你已经知道，鱼龙是由12岁的英国小朋友玛丽发现的，那么现在你又要被震惊一次，因为翼龙也是玛丽发现的。无数科学家踏破铁鞋、费尽心机也得不到的结果，就这样被玛丽小朋友得到了。

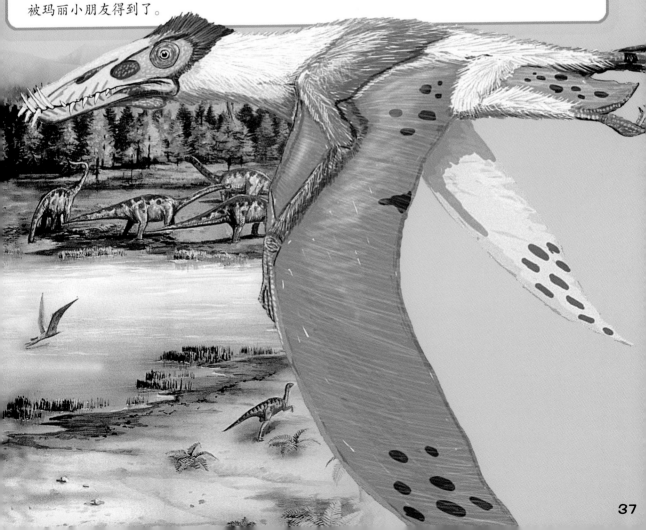

猛犸象

绰号：长毛怪兽

你没认错，你也可以把我看成一头大象。事实上，我和现代亚洲象有90%的基因是相同的，所以，大家叫我长毛象，我百分之百赞同。至于是不是怪兽嘛，这就见仁见智了。

我有这么长的毛，实在是因为环境太冷。你要知道，我是在西伯利亚一带活动的，那里冰天雪地，不长一身毛，不积一身膘，又如何过日子？何况，我那是在冰川时期呢。

长牙也是必备的。你想，我吃草、灌木、树皮，都需要一把随身的刀，尤其是大冬天挖草根，全靠一对象牙。另外，象鼻的功能和现代象是一样的，但我的耳朵和现代象相比要小多了，这也是因为耳朵是个散热工具，我得尽量保温啊！

物种档案

猛犸象是一类和亚洲象非常相似的哺乳动物。高约3～4米，体重6～8吨，因此，它的个子应该和亚洲象差不多高，但身材魁梧多了，因为最重的非洲象也不过6吨而已。

猛犸象算不上彻底的古生物，它出现在地球上的时间大约是500万年前，那时候人类的祖先都已经出现了。而它大规模灭绝的时候是约1万年前，最后一头猛犸象消失的时候距离现在甚至只有4000年左右，埃及还在造金字塔呢！

这么短的灭绝时间，猛犸象的遗体其实是来不及变成化石的。因此，现在人们在西伯利亚或者其他地方挖到的猛犸象，只能算是半化石。也因为这个原因，不少科学家动了复活猛犸象的念头。毕竟，在一万年前留下的半化石中，找到和提取猛犸象的完整DNA还是非常有可能的。

那么，猛犸象是如何灭绝的呢？可能有这么几个因素。一是冰河期结束后，它的生活空间压缩了；二是人类扩张后，纷纷把猛犸象作为食物之一；三是它的孕期实在太长，可能比大象的22个月还要长。如此，空间小、死亡多、繁殖慢，灭绝也就不足为奇了。

斯剑虎

我的嘴里，左右配备着弯曲如马刀状的犬齿，长达15厘米。仅凭这两把刀，你便可知道我是江湖中的一名上将。

我有灵巧的身材、强壮的四肢、带伸缩指爪的前肢、强健的咬合肌等，我可以像蛇一样，把下颌张开到120度，不过蛇是为了吞下更大个头的猎物，而我是为了把犬齿刺入猎物的身体。两把尖刀开路，一张利嘴紧跟，我甚至可以猎杀比我更大的对手，比如野牛、小的猛犸象等。

物种档案

斯剑虎也叫刃齿虎，是一类既像狮子又像虎的猫科动物。平时你听到更多的可能是剑齿虎，其实，剑齿虎所指的范围更大，它属于猫科下面的一个亚科，而斯剑虎是剑齿虎亚科中的一个属，当然，也是家族中最闪亮的明星。

斯剑虎大多活跃在更新世时期，约250万年前到1.2万年前。它们只在美洲大陆晃荡，迄今发现的最著名的斯剑虎化石坑，就是美国洛杉矶的拉布雷亚沥青坑。在这个坑内，有多达2000多具斯剑虎的尸体，同时在坑内发现的，还有巨大的猛犸象和野牛。科学家推测，可能是猛犸象和野牛来此喝水时，不幸陷入沼泽。斯剑虎们成群结队地赶来，原本想举行一场盛宴，不料却也被沼泽夺走了性命。

因此，斯剑虎应该是如狮子似的以家族为单位生活的动物。它们共同狩猎、共同保护栖息地、在家族成员老去的时候施以援手等。推测斯剑虎群居的另一个理由是，它们还要面对环境中号称"骨头粉碎机"的恐狼、号称"死神追击者"的巨型短面熊等厉害角色，联手过日子底气就会足一些。

当然，我绝不会与这么厉害的对手硬碰硬，而是采取缠斗、追击、偷袭、围攻等各种方式来消耗它们。你可以参考一下如今在非洲草原上演的狮子对阵野牛、大象，就知道我当年是怎么干的了。

图书在版编目（CIP）数据

水陆英雄：恐龙帝国大揭秘 / 岑建强编著. — 上海：上海科学普及出版社, 2017
（神奇生物世界丛书 / 杨雄里主编）
ISBN 978-7-5427-6944-2

Ⅰ.①水… Ⅱ.①岑… Ⅲ.①恐龙—普及读物 Ⅳ.①Q915.864-49

中国版本图书馆CIP数据核字（2017）第 165824 号

策　　划　蒋惠雍
责任编辑　柴日奕
整体设计　费　嘉　蒋祖冲

神奇生物世界丛书
水陆英雄：恐龙帝国大揭秘
岑建强　编著
上海科学普及出版社出版发行
（上海中山北路832号　邮政编码 200070）
http://www.pspsh.com

各地新华书店经销　　上海丽佳制版印刷有限公司印刷
开本 787×1092　1/16　印张 3　字数 30 000
2017年7月第1版　2017年7月第1次印刷

ISBN 978-7-5427-6944-2
定价：42.00元
本书如有缺页、错装或损坏等严重质量问题
请向出版社联系调换
联系电话：021-66613542